MINGJIA
SHEJI
XINFENGSHANG

低调奢华风

LOW-PITCHED LUXURIOUS STYLE

李江军　编

内容提要

本书为低调奢华风格家居实景案例，每个案例带有彩色户型图、案例资料、案例说明以及设计亮点详解。多样的设计方法和功能细分的形式满足了读图时代的阅读习惯，专业实用的简短文字贴士更容易帮助读者应用和理解。

图书在版编目（CIP）数据

名家设计新风尚．低调奢华风／李江军编．—北京：
中国电力出版社，2013.1(2014.3重印)
ISBN 978-7-5123-3851-7

Ⅰ．①名… Ⅱ．①李… Ⅲ．①住宅－室内装饰设计－
图集 Ⅳ．①TU241－64

中国版本图书馆CIP数据核字（2012）第298886号

中国电力出版社出版发行
北京市东城区北京站西街19号　100005　http://www.cepp.sgcc.com.cn
责任编辑：曹　巍
责任校对：闫秀英　责任印制：蔺义舟
北京盛通印刷股份有限公司印刷・各地新华书店经售
2013年1月第1版・2014年3月第2次印刷
700mm × 1000mm 1/12・10.5印张・220千字
定价：32.00元

目录

繁华下的优雅

:: 建筑面积 / 160平方米
:: 装修主材 / 阿波罗大理石、特级大花白、进口墙纸、软包、木雕花、茶镜磨花
:: 设计公司 / 龚德成室内设计事务所

设计师/龚德成

案例说明

平面图

这是一个法式装修的典型案例，设计师除了在软装上选择描银的法式家具以外，基础装修上也为法式做了很好的铺垫，顶面阴角线的叠级处理，墙面的墙裙饰面和地面的地砖拼花，无处不在体现奢华的装饰元素。在空间的功能布局上，设计师也花了很大的心思。由于卫生间不够大，于是借用了主卧室的部分空间放置台盆，这样卫生间就能同时容下淋浴空间和浴缸位置。此外，主卧靠近卫生间的区域做成了步入式衣帽间，既让空间格局趋于方正，又具有收纳功能。

壁炉体现法式家居的特点

房屋装修保持了法式奢华的特点，电视背景墙采用天然大理石饰面，突出奢华气质，壁炉又使风格更贴近法式。由于公寓的空间和一般法式古典大宅有所差异，所以在挑选壁炉的时候，应尽量选择凸出宽度较窄的类型，这样才不会影响到客厅的其他功能，此外，大理石上墙的最好方式是干挂法，牢固耐用。

踢脚线要与门套的颜色保持一致

图中的墙面装饰主要以白色木饰面板、软包和墙纸为主，再搭配银色边框的卧室家具，轻松营造出低调华丽的居住环境。这里要注意踢脚线一般是作为墙面装饰出现的，所以它要与门套的颜色一致，若选择不当会破坏整体效果。

CLUB

两湖总都

:: 建筑面积 / 220平方米
:: 装修主材 / 石材拼花、金箔马赛克、欧式墙布、艺术墙纸、皮质软包、茶镜
:: 设计公司 / 武汉郑一鸣室内建筑设计

设计师/郑一鸣
软装设计师/吴锦文

案例说明

本案的设计灵感来自欧式贵族的奢侈生活细节，在这个装饰如贵族殿堂一般华美的环境中，餐厅与客厅互相呼应，缔造出一处无可媲美的顶级府邸。人们在细品美食的同时，还能享受到一场美味与视觉相结合的饕餮盛宴。

施华洛世奇的吊灯设计有效地分割了空间。餐厅中家具也经过了精心的设计，呈现出华贵而厚重的质感。轮廓鲜明的欧式家具不仅为餐厅增添了精致的美感，同时为客人们营造出一种亲切的感觉。厨房采用兰花图案的石材马赛克，古朴的同系地砖，与纯实木橱柜相搭配，营造了一种返璞归真的古典氛围。洗手间的墙壁也装饰了高贵的天然马赛克，与德系风格洁具搭配，将卫浴间布置得同样华贵又不失时尚。

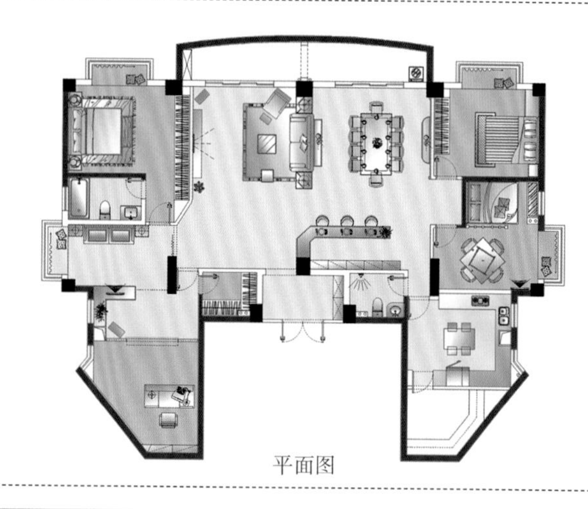
平面图

书房体现东西文化交融

书房的设计呈现中式装修与欧式家具的完美搭配。顶面的花格与墙面的博古架装饰交相呼应。墙面上两幅描绘鸟类的工笔画给深色的空间带来勃勃生机，让主人在知识与自然的天堂里流连忘返。设计师在工笔画与墙纸之间用镜框线条进行过渡，这样可以避免因为接缝而出现的问题。

设计细节

定做装饰画美化厨房烟道

厨房的设计也有所创新，庞大的烟道虽然贴上了瓷砖，但还是不好看，很难处理。于是设计师给烟道定做了一幅精致的装饰画，让人完全感觉不到这是个厨房，而是一个装饰品陈列室。

设计师/二胡

怡然自得

:: 建筑面积 / 350平方米
:: 装修主材 / 原木、墙纸、手绘

案例说明

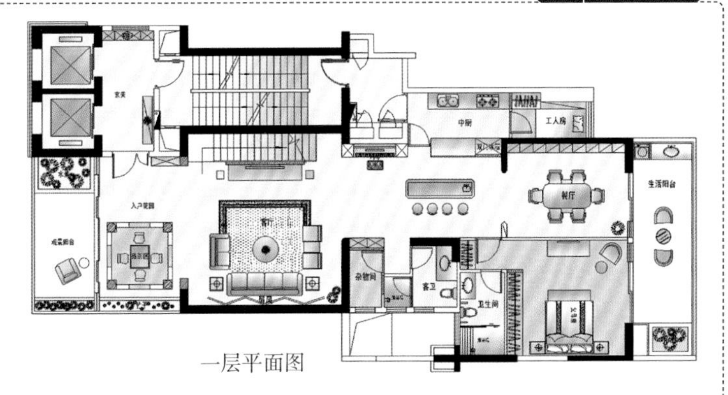

一层平面图

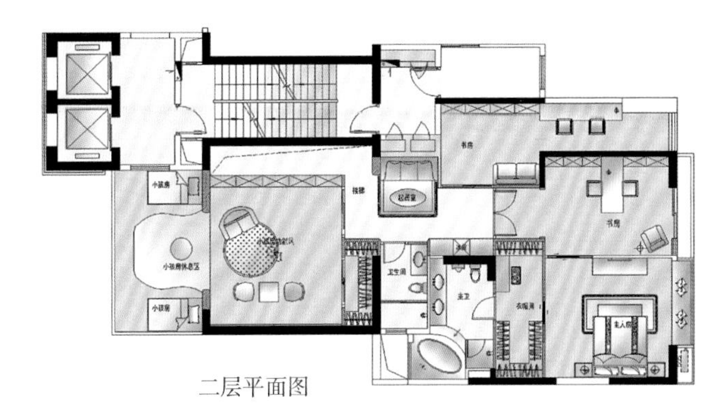

二层平面图

本案特别注重细节的情景营造，以移步异景的理念为设计原则。设计风格围绕高尔夫庭院休闲生活进行空间组合，营造一种休闲且富有原生态的质感家居氛围。整个室内空间采用朴实、自然的米黄浅色调，带出阳光明媚般的度假休闲气氛。富有质感的材质搭配是本案的一个亮点。步入客厅，横竖随意拼装的实木条电视背景墙，给人以沉稳而富于变化遐想的空间感觉；沙发背景则用带有异域色彩的造型及马赛克拼图，粗犷自然的气息与独特的异域风格相呼应。客厅和餐厅均采用仿古瓷砖，衬托着深色木质边框的沙发茶几组合。吧台区的设计在整个空间里很好地衔接了餐厅与客厅，真正做到了实用与美观相结合。

设计细节

半敞开式空间预防雨水影响

这是一个半开敞式的空间，它是休闲区与阳台之间的过渡区域。设计的时候要注意雨水的影响，所以地面和踢脚线都用了石材，门套下部10厘米左右的高度也用了大理石材质，这样即使雨水透过阳台流进家里，也无需担心木制品被浸泡损坏。

西厨兼具吧台的功能

大户型住宅并不缺乏空间，设计房屋其实也是在设计主人的生活方式。设计师把中厨和西厨分开，在中厨的外面做了一个敞开式的西厨，只需一个岛台外加洗水池和电磁炉，再摆放两把吧台椅，它又瞬间变成了实用的酒水吧台。设计的时候应注意岛台下水处需做好坡度，以免下水倒流。

优雅是一种生活态度

:: 建筑面积 / 120平方米
:: 装修主材 / 羊皮砖、硬包、软包、天然大理石
:: 设计公司 / 上海鸿鹄设计

设计师/张雁飞

案例说明

平面图

本案的设计打破了传统的格局，为主人提供了一个完美的二人世界。餐厅、客厅和卧室完全敞开，没有任何隔断阻碍两个人的沟通。整个地面都铺贴羊皮砖，在开放的空间里，显得非常的统一。餐厅也不是单独的以餐桌形式出现的，而是把餐桌和厨房橱柜结合在了一起。在完全敞开式的空间里，储藏是个比较让人头疼的问题，做的不好会导致空间看上去压抑，设计师巧妙地避免了这一点，把储藏空间隐蔽在卧室与卫生间之间，十几平方米的储藏空间既美观又实用。

设计细节

大幅装饰画作为客厅沙发背景

客厅区域不大，所以只布置了一张两人沙发，但是设计师巧具匠心，用了一幅很大的装饰画作为背景，使沙发背景墙看上去比实际的要更宽一些，同时也营造出浪漫的气氛。装饰画是直接镶嵌在大理石背景里面的，要注意计算好尺寸，以免后期出现问题。

地面与墙面互相呼应增加视觉空间

客厅不算太大，但设计师通过羊皮砖拼花的地面与硬包制作的电视背景墙互相呼应的设计手法，巧妙增加了视觉空间。窗帘也调整成深色系，给人延伸感的视觉差，显得客厅比较宽敞。卧室也是用同样的手法进行搭配。

设计师/肖鸣

名门风范

:: 建筑面积 / 160平方米
:: 装修主材 / 阿曼米黄石材、泛美木地板、大理石线条、墙纸、软包
:: 设计公司 / 福州北岸装饰设计

案例说明

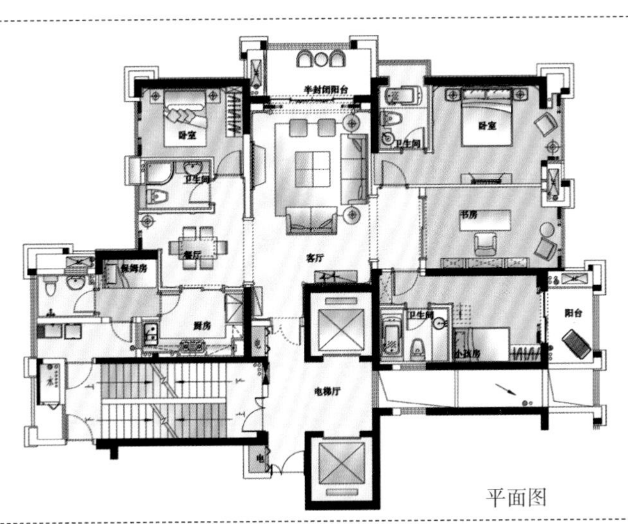

平面图

欧陆风情是设计师给予这个空间的视觉标注，但设计师并没有直观地去堆砌它，而是一种灵感的创造。在客厅、餐厅、书房、卧室这些功能区域中，时尚与古典的奇妙共处，让人感受着一种气派名门的大家风范。新古典主义风格的家具以及工整严谨的布局，将风情独具的欧式情韵展现无余，错落有致的体量感从不同角度营造出丰富的空间形象。置身其中，精致厚重的生活质感油然而生，低调奢华的品位格调处处弥漫。除了结构与陈设之外，空间的细节不能忽视光线的运用，它是让空间鲜活起来的妙法。纵观全局，本案的主光源与点光源共同调节着室内的光线，它们以不同姿态相互呼应着，让人联想起舞台的效果，一下子活络了空间的每个角落。渐渐地，设计师让古典奢华的概念好似一部写满艺术的剧本，任人们理性地翻开，而后感性地阅读。

客厅地面与顶面的设计相呼应

在客厅的侧面墙上做了类似对比色的设计，使空间气氛更加活跃，色彩更加鲜明。客厅地面的围边与顶面设计相呼应，暗花纹的墙纸透露出典雅的欧式气息。总体说来客厅空间既有色彩上的大统一，又有局部区域的小对比。

设计细节

墙砖倒角横贴扩大卫生间的空间视觉感

卫生间不算大，设计师采用30厘米 × 90厘米规格的墙砖倒角横贴，增加了卫生间的延伸感，给人感觉比实际空间要更大一些。注意60厘米以上墙砖铺贴的时候可以用湿铺法，这样黏合性更高，空鼓率也较低。

诱惑新古典

:: 建筑面积 / 190平方米
:: 装修主材 / 仿大理石拼花地砖、装饰马赛克、墙纸
:: 设计公司 / 上海1917设计

案例说明

本案的设计是低调奢华的完美演绎。进门原来是一个比较普通规整的方形，设计师修改了部分墙体，使进门呈现弧形玄关，与地面、顶面的圆形造型相呼应。客厅的电视墙也是设计亮点之一，面对沙发的是电视背景，而面对楼梯的却是既美观又实用的装饰酒柜。楼梯的平台巧妙地设计了一个休闲区域，打破了空间的约束感，使之更充满家的温馨气息。二楼斜顶下的不规则空间被合理利用成储藏区，中间增加一个休闲茶室增添生活情调。

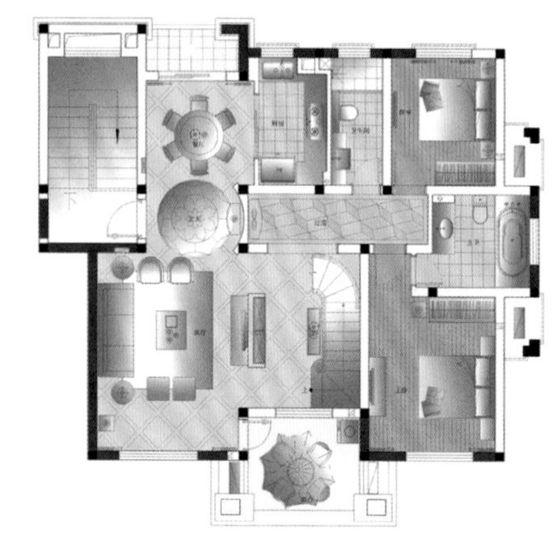

一层平面图

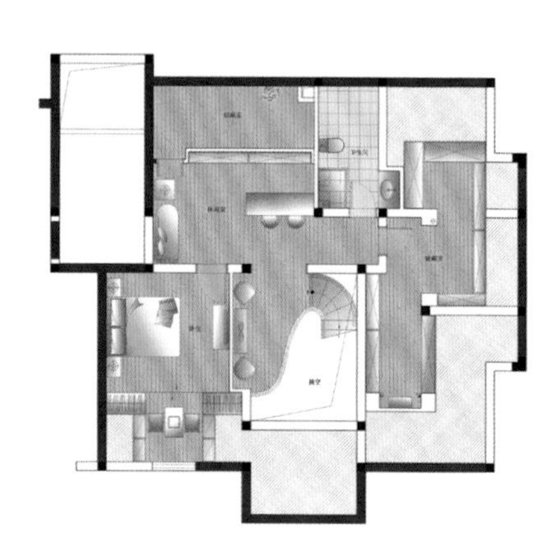

二层平面图

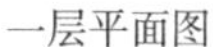

改动墙体扩大就餐空间

餐厅原本不大，设计师把厨房的墙体向后退了30厘米，使就餐空间变大，同时在设计的时候运用了车边造型镜面，增加了餐厅的空间延伸感。

一楼的楼梯间色彩搭配和谐自然

一楼楼梯与装饰酒柜边框、门套线、地面过门石以及仿大理石地砖围边的颜色统一。楼梯把人的视野引向二楼，酒柜增加立面延伸性，门套分割区域，过门石与仿大理石地砖明确了各个空间走线。整个一楼的楼梯间有序、自然、和谐。设计的时候应注意地面与墙面的颜色区别不能过大，否则加上门框线后就会显得色彩混乱。

设计细节

斜顶处的设计兼具实用与休闲

斜顶处的设计是个亮点。设计师把两边的梁下空间做成了储物柜，中间布置成一个休闲茶室，两者的结合既实用又具有休闲功能，让主人的生活到处充满情趣。

设计师/江浪

港式情怀

:: 建筑面积 / 130平方米
:: 装修主材 / 仿大理石砖、墙纸、软包、装饰花格
:: 设计公司 / 上海2046设计

案例说明

平面图

本案是以一套130平方米的公寓，面积不大，整体以浅色调为主。设计师在房屋的中心区域以深色的木饰面板作为背景点缀，突出了客厅的重点，同时为了不使背景显得过于压抑，在配饰时增加了一个新古典法式钢琴脚的白色装饰柜。设计沙发背景的时候充分考虑了空间的通透性，用装饰花格代替了厚实墙体，既延长了沙发背景，又把客厅和餐厅两个区域自然分隔，主卧室卫生间的设计也是独具匠心，把原本的暗卫变得宽敞、明亮。

设计细节

灰镜墙面扩大餐厅空间感

餐厅空间比较狭小，设计师用灰镜的处理手法扩大了餐厅的空间感。一般在设计类似于镜面的背景时，应注意玻璃镜面在运输时的尺寸要求，本案中用木质线条把灰镜三等分，同时也增强了装饰效果。

玻璃增加暗卫的采光

暗卫一般是户型中比较让人头痛的地方，通风与采光都不好。设计师将卫生间的门墙打掉，装上大面积的玻璃，打造出通体透明的卫浴空间，并形成了大空间的效果。顶上可以增加排气扇，解决通风问题。

假日印象

设计师/晓燕

:: 建筑面积 / 180平方米
:: 装修主材 / 复古砖、彩色乳胶漆、墙纸、铁艺、玻璃镜面
:: 设计公司 / 苏州大斌空间设计

案例说明

本案充分体现“轻硬装、重软装”的设计理念，精心挑选的复古壁纸和宫廷式古典家具营造出低调奢华的居住环境。一楼带下沉式的套型，设计师将之改造为复式。原楼梯的开口位置不是很合理，下沉层空间浪费较大，设计师巧妙地把楼梯移到原阳台的位置，原楼梯位置封平后也让儿童房的空间得到扩大。原厨房和餐厅则被设计师改造成喝茶聊天的休闲空间，主卧和书房之间的墙体敲掉做成了套房。

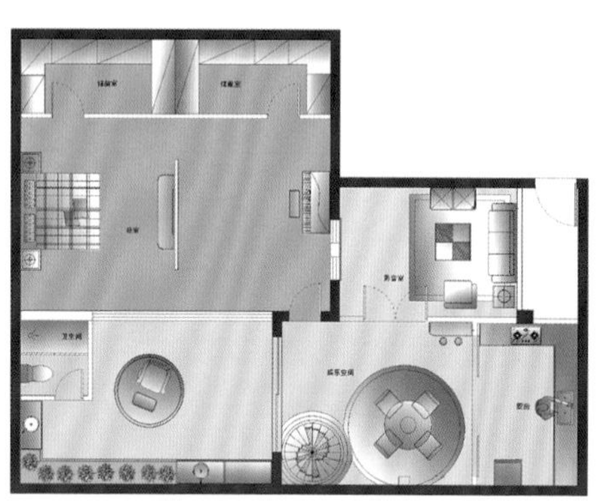

底层平面图

一层平面图

设计细节

餐厅用菱形车边镜面扩大空间感

利用镜子反射光线的原理，餐厅用菱形车边镜面使空间得到延伸，并且让整个地下空间更加明亮宽阔。但需要注意的是，此类造型的下口最好考虑用踢脚线来收口，否则下方的镜面容易弄脏。同时如果银镜背部有水渗透，就容易与固定银镜的玻璃胶起化学反应，时间长了会造成镜面从墙上脱落的现象。

影音室宜注意隔声处理

原始楼梯位置封闭之后变成独立的影音室，成为一家人休闲娱乐的好去处。但要注意影音室的墙面需加隔声处理层，有时候也可用软包作为吸声装饰材料，使视听空间不会影响到其他房间的功能。

储藏柜解决卧室的收纳问题

房间内满墙的储藏柜是比较实用的设计，但是现场制作的衣柜侧面与墙面之间的缝隙是比较难处理的，在施工的时候可以用石膏板做单面隔墙解决缝隙问题。

暗生贵气

:: 建筑面积 / 190平方米
:: 装修主材 / 仿大理石砖、墙纸、软包、装饰木线条、马赛克、灰镜
:: 设计公司 / 上海1917设计

案例说明

本案的设计是现代和古典的混搭风格。设计师选择了黑白两色作为主色调，既沉稳又不呆板，灯具、沙发、餐桌椅、地毯以及各类饰品都是经过精心挑选的，在以浅色为基调的设计上增添活跃的气氛。客厅、餐厅主要以浅色为主，加上深色的装饰线条和家具，使客厅、餐厅富有层次感，营造一种轻松欢快的氛围。房间的色彩比较厚重，主卧室的背景墙以软包为主，让睡眠空间变得温馨、舒适，书房的深色家具显得宁静沉稳。

客厅设计遵循色彩统一的原则

在这张照片上我们看到了白色、黑色、咖啡色三种色系，设计师在做设计的时候遵循了色彩统一的原则，使各个面都相互呼应，相互和谐。地面的颜色最深，墙面作为中间色出现，而顶面则是最浅的白色。

设计细节

柜顶上方留出空间增加通透感

客卧的空间并不是很大，设计师用了一个巧妙的手法增加了空间层次感，使之显得宽敞一些：设计衣柜的时候，没有做成顶天立地的形式，而是在柜顶上方留出空间，并增加灯光效果，让整个房间更加通透，同时灯光也可以作为夜灯使用，是一个一举两得的设计手法。但在施工的时候要注意，柜子上灯管的安装方式必须是便于更换的，不然容易成为家庭装修的死角。

侧面的镜子与台盆融为一体

这是本案设计的一个亮点，设计师在设计卫生间干湿分区的时候把镜子做到了侧面，为了使整体风格更加统一，镜子增加了一个欧式边框，宽度和台盆保持一致，很好地做到协调，完全把镜子和台盆融合在一起。

非凡气度

:: 建筑面积 / 137平方米
:: 装修主材 / 茶镜雕花、板包墙、进口墙纸、硅藻泥、仿古砖、仿古地板、铁艺
:: 设计公司 / 南京董龙设计

案例说明

现代都市的生活中人们寻求的是一个自然、舒适的家，本案是都市里的一片宁静，设计师以美式风格为基础，混搭着一丝东南亚风格的感觉，诠释着主人的生活方式。原本进户后是一个大的入户花园，卫生间在现在的储藏间位置，设计师对户型进行了改造，把卫生间移到了入户的位置，原来的卫生间变成了一个很大的储藏间，并隔出了一个钢琴区。原餐厅的位置也比较拥挤，设计师把厨房向里退进30～40厘米，适当增加了就餐空间的面积。

平面图

设计细节

卫生间的位置改造成实用的储藏间

原来的卫生间改造成了一个实用的储藏间，方便主人收纳居家杂物，这是一个很实用的改造。储藏间的外侧做了个钢琴区，把原本没有空间安排的钢琴单独摆放，也可以看出设计上的用心。

设计细节

拱门门洞增加空间的层次感

设计师对入户花园与餐厅之间的门洞进行了处理，没有采用生硬的直线条装饰，而是做了一个拱形的门洞，增加了空间的层次感，也完美地诠释了美式风格。拱门的制作是比较复杂的，无论是现场定做还是定制成品门套都要注意材质的选择和漆面的制作，不然拱形门套很容易开裂。

设计师/龚德成

繁华下的优雅

:: 建筑面积 / 160平方米
:: 装修主材 / 进口大花白大理石、金地米黄大理石、月亮古大理石、进口墙纸、软包
:: 设计公司 / 龚德成室内设计事务所

案例说明

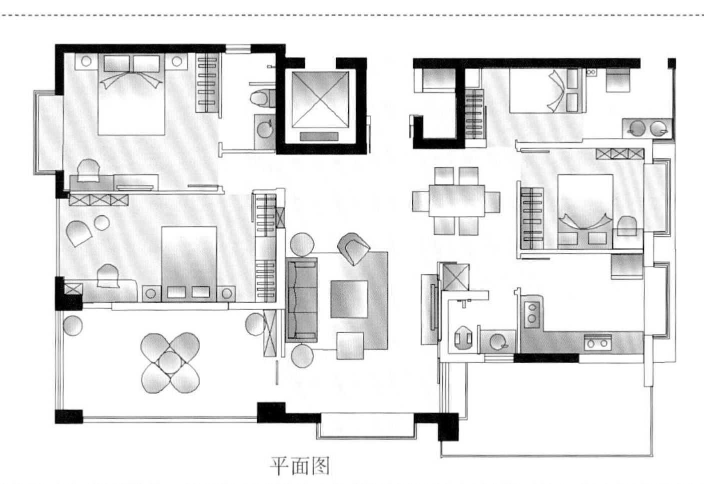

平面图

谈到低调奢华，一般会使人联想到华丽的装饰和高档的欧式家具，其实奢华也可以是另一种感觉，即讲究风格当中的内在品位。本案的设计师把家中的大部分背景墙采用木质墙裙、墙纸进行装饰，乍看与欧式风格分别不大，其实已经简化了很多不必要的装饰线条，既保留了欧式元素，又不会显得平淡。设计师在细节处做了点睛之笔，大理石背景墙的运用和装饰玻璃的出现给室内增加了华贵感。户型本身是没有餐厅位置的，设计师通过改造小卧室和厨房的空间自然隔出了一个餐厅的区域，让各个功能区都很完整。

设计细节

装饰画和木百叶遮掩强弱电箱

次卧门口的整面墙都作为餐厅的装饰背景使用，但是强弱电箱却是无法避免的问题。设计师使用几幅装饰画遮掩强电箱，使用墙裙百叶掩盖了弱电箱。但需要注意的是，如果无线路由器是放在弱电箱中的，就不能用金属盖板，这样会减弱无线信号，可以考虑跟图中一样用木质百叶作为弱电箱的盖板，既实用又美观。

巧用大理石围边与踢脚线完美衔接

与一般的设计形式不同，设计师在卧室里采用了大理石踢脚线，所以要考虑到踢脚线与地板之间的衔接。通常情况下，大理石踢脚线无法与木质地板贴合得非常好，难免出现缝隙。于是设计师在地面使用了大理石围边，与墙面踢脚线结合得十分完美，而地面上的大理石材质与木地板之间则可以用压条进行连接。

深宫蝶影

:: 建筑面积 / 160平方米
:: 装修主材 / 雅士白大理石、墙纸、水晶扣软包、灰镜、茶镜、马赛克拼花
:: 设计公司 / 上海谷辰装饰设计

设计师/黎剑锋

案例说明

平面图

功能和品位是本案最终目的。在户型改造上，原有的干区被改成大的储物柜，主卫生间只保留了马桶，其余空间被改造成衣帽间，书房换成大面移门，增加了采光和通透性。小孩房的房门改变方向后解决了大门正对卧室门的尴尬。在设计上，大面积深色地板给人视觉冲击力，更像伊莎贝拉蝴蝶般神秘、高贵。在此衬托之下的餐桌、沙发、水晶灯还有深色的水晶扣软包，都把自身的魅力发挥得淋漓尽致。所有的搭配都在黑白灰的定律之间游刃有余，暖色系的墙纸和茶镜让居家空间不失温馨感，就如业主所说，原来高贵的个性和平常小温馨之间也可以做到“情投意合”。

设计细节

镜面柜门减轻柜体的视觉重量

入户的左边做了一个很大的鞋帽柜，柜体的不落地设计和用镜面做柜门都能减轻柜体的视觉重量，增加空间通透感，不会给人进门后一边是鞋柜，一边是墙体的压抑感。

设计细节

女儿房的睡床三面靠墙摆放

女儿房的睡床三面都是靠墙摆放的，合理利用空间的同时也增加了安全感。这里要注意儿童房的顶部照明应尽量采用柔和的灯管，避免影响儿童的视力。

设计细节

飘窗改造成储物空间

设计师把飘窗利用起来，做成一个储藏空间，矮柜上加了台面，放上靠垫也可以当沙发使用，一举两得。要注意在定制的时候切忌不能采用深色的柜子，因为深色在小空间内会感觉压抑。

设计师/九叔

银色奢华

:: 建筑面积 / 187平方米
:: 装修主材 / 拼花地砖、装饰墙纸、大理石、装饰花格、刻花玻璃

案例说明

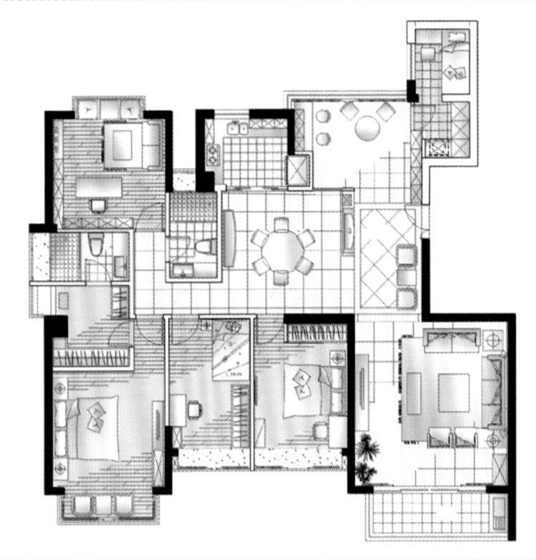

平面图

本案的设计是奢华主义与现代浪漫主义的完美结合，流线型与直线型相互搭配，现代奢华的家具精美华丽，明亮的色彩相互交错，此情此景传递一种低调奢华的生活方式，既有欧式生活的贵气与精致，又无金碧辉煌的浮华。客厅顶部的造型与仿古砖斜铺的地面相互呼应，宽大的深色布艺沙发在银色的点缀下丰富了层次上的跳跃感，让整个空间散发出一种独特的韵味。电视墙上的藤蔓造型与墙纸上的图案有着异曲同工之妙。卧室简约的墙地面处理，结合传统典雅的欧陆家具风格，在精心挑选的软装饰物搭配之下，于低调奢华中营造出温馨的生活气息。

设计细节

客厅色彩合理搭配

设计师把客厅分为深色、中间色、浅色三种关系的色彩。深色是沙发，突出客厅的特点，中间色是墙纸与窗帘，浅色是装饰柜。深色装饰玻璃前摆放的银色装饰柜显得格外的醒目，丰富了空间层次感。背景喷砂玻璃与墙纸之间用镜框线条过渡，很好地解决了收口问题。

设计细节

圆形顶面与圆桌相呼应

圆形的顶面和圆桌相呼应，从传统角度来说也有吉利的寓意。为了强调空间的序列感，分出墙面与顶面的层次，顶面与墙面之间用了留缝隙的方式进行处理。要注意的是圆形的吊顶一般适合不规则形状或者是梁比较多的餐厅，这样能够很好地弥补餐厅不规整的缺陷。

设计细节

杉木板贴面强调休闲自然的气息

设计师在每个地方都下足工夫进行设计，连入户花园的阳台也改造成一个休闲的小空间，喝茶品酒非常的惬意。设计师用杉木板装饰顶面和墙面，让整个休闲空间更加贴近自然。在制作的时候要注意杉木板不能直接贴顶，需要用九厘板或木工板打底，这样才更加牢固。

紫奢炫影

:: 建筑面积 / 130平方米
:: 装修主材 / 灰镜、银镜、雕花隔断、墙纸
:: 设计公司 / 上海谷辰装饰设计

设计师/李戈

案例说明

本案是一套卧室朝南、客厅朝西的公寓房。在房型结构上，设计师把厨房和餐厅合并，做成一个开放式的厨房、餐厅与休闲吧台，卫生间利用阳台的位置增加了淋浴+浴缸的完美结合，进门处做了鞋柜+挂衣柜的转角处理。业主品位高雅，对东西方传统文化都有很深厚的理解。所以本案在设计手法上，突出了文化人温文尔雅、平和理性的特点，用紫色的点缀色调，表达端庄典雅的格调。在设计风格的定位上，吸取了欧式风格中的一些经典元素，既不过分张扬，又恰到好处地把雍容华贵渗透到每个角落。

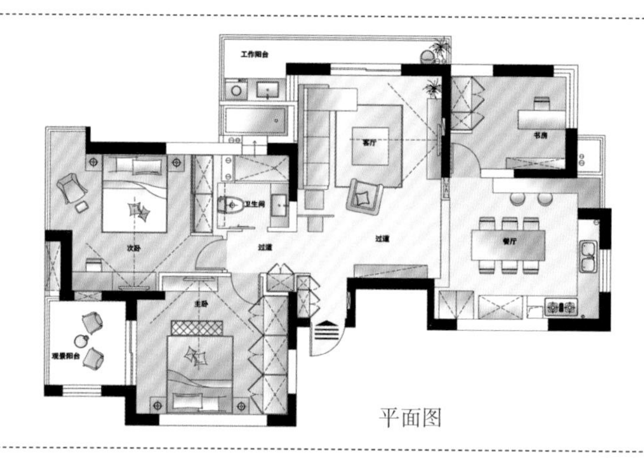

平面图

设计细节

进门处的储藏柜解决收纳难题

进门处设计师增加了一个衣帽柜和储藏柜，储藏柜可以储存家里的大件物品，是个很实用的设计。但要注意侧面的柜体建议用墙体进行过渡，这样能解决柜子背板与墙体之间的缝隙问题。

设计细节

调整主卧室的墙体增加收纳空间

女主人的衣服非常多，所以主卧室的储藏是个问题，设计师适当调整了部分墙体，在主卧室的门背后做了一整排的储藏柜，巧妙解决了收纳的难题。这类储藏柜建议选择现场定制的方式，这样与墙体就没有缝隙，顶面也会贴合得很好。

阳台放置洗衣机注意防晒

阳台上放置了洗衣机和洗衣池，并用石英石台面进行统一。但要注意在装修时务必设计好上下水，以免装修好后再改动。如果只有采光阳台，那么洗衣机放在阳台时注意不要暴晒，可以安装窗帘或者是放在遮光性好一点的阳台角落里。

设计师/刘耀成

暗香浮动

:: 建筑面积 / 132平方米
:: 装修主材 / 墙纸、奥松板白油漆、大理石、软包、装饰花格

案例说明

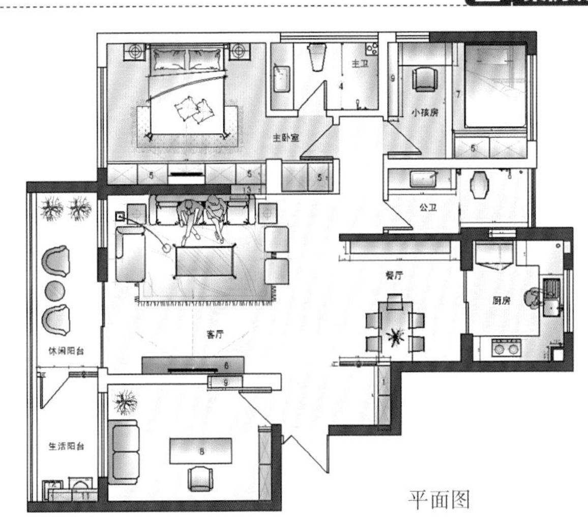

平面图

本案是一个标准的三口之家，实用与美观兼顾。奢华而不张扬是设计的初衷，在让人感受到华贵典雅的同时，也让人体会到了简约风格的再现。在色彩上，设计师选用咖啡色、驼色、黑色、灰色、象牙白等比较沉稳的色彩，表现出一种大气、简洁和富有气质的内涵。在功能布局上，设计师在适当的空间增加了大量的收纳功能，如餐厅储藏柜、进门处的鞋帽柜、卧室的整排衣柜等。

设计细节

衣帽柜中间做出隔层避免压抑感

设计以实用为主，进门处就设置了一个很大的衣帽柜，解决入户换鞋、更衣的问题。衣帽柜的中间做出隔层，方便摆放进门包、钥匙以及一些饰品，同时也避免了大面积柜体给人带来的压抑感。装饰花格的设计则使餐厅区域更加完整。

大面软包背景与沙发的色彩相协调

驼色的沙发加上大面的软包背景给人温馨的感觉，装饰画和小饰品让统一中产生变化。茶镜的衬底和不锈钢装饰扣条的加入也给墙面增加了冷峻与时尚的质感。它已经不再是单调的沙发背景墙，而是一幅鲜活的装饰画面。整面的软包设计可以避免因接缝或收口的问题。

质感生活

设计师/陆宏

:: 建筑面积 / 132平方米
:: 装修主材 / 茶镜、银镜、软包、实木线、墙纸
:: 设计公司 / 杭州麦丰装饰设计

案例说明

本案是后现代低调奢华风格的一个经典之作，客户希望设计师能够把房子做到简洁中透出内涵，低调中散发出奢华的气息。经过一番斟酌后，设计师决定以不同颜色的镜面作为餐厅的背景，成为整个公共空间的一个视觉亮点，并且通过墙面的变化将餐厅与客厅分隔开来，界定了一个独立的空间。本案的户型结构并没有做很大的改动，只是适当增加了储藏空间。玄关处借用了一部分客卫的面积，增加了一个内嵌式的鞋柜；次卧过道上做了一整排入墙式的收纳柜，可以储藏家中杂物，而且也丝毫不影响走道的通行；主卧室门口的步入式衣帽间更是为主人居家生活提供了极大的便利。

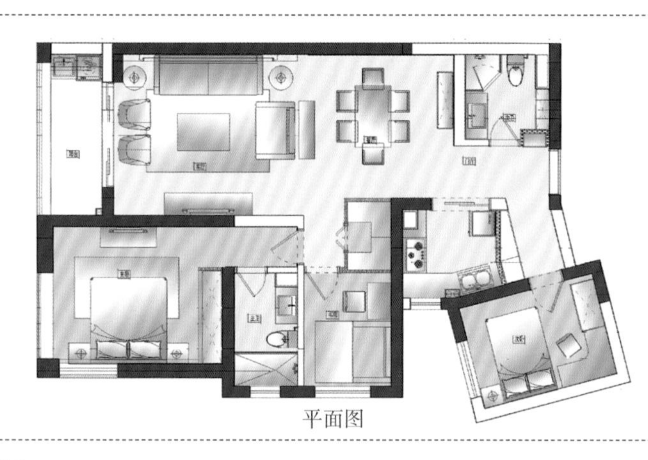

平面图

设计细节

利用墙体的前后关系营造空间的进深感

金银色软包作电视机背景墙，银镜边框加以点缀，设计师希望能打造出客厅中惊艳的一笔，事实上确实营造出了温馨而又明艳的感觉。沙发背景则是用墙体的前后关系，做出了空间的进深感。施工时应注意，若石膏板做墙面，则凸出造型比较容易损坏，可以考虑用木工板打底，再贴石膏板。

设计细节

餐厅背景墙采用银镜和茶镜的组合

餐厅背景墙是银镜和茶镜的组合，加上灯光的衬托，时尚艺术气息跃然而出，在功能上也起到了扩大视觉空间的作用。设计师在镜子之间用金属压条进行连接，避免了镜子角之间有长短差的问题。贴镜时也需要先用九厘板打底，再用胶粘或广告钉固定。

设计细节

白色为主的儿童房清新而明亮

儿童房以白色为主，粉色作为点缀，卡通图案的腰线与纯白色家具给予儿童一种悦动感。要注意儿童房切忌用深色做装饰，因为像深蓝色容易使人忧郁，深红色容易使人暴躁。儿童房的家具尽量选择可移动的，这样随着年龄的增长，家具可以便于更换。

设计师/毛毳

沉香之恋

:: 建筑面积 / 165平方米
:: 装修主材 / 喷砂玻璃、艺术玻璃、白镜、花梨木、墙纸
:: 设计公司 / 广东澜庭设计工作室

案例说明

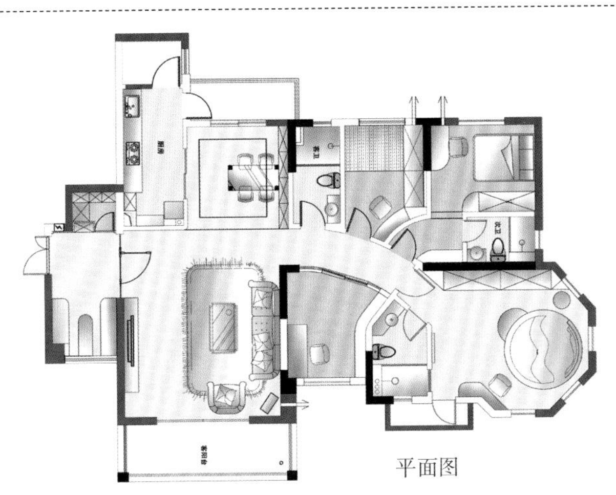

平面图

把味觉与视觉统一在同一种感受下是本案的追求，花梨木的沉稳古色用现代手法去打造，要保留那份木质的原味又要有现代气息的张扬，在本案中达到了这两个标准。暖色与冷色间的过渡，重感与轻巧的衔接，每一个关系都在相互存在着矛盾，但是又不会让整个空间失衡，这就是设计师所想表达的设计灵感。入户除了一个很实用的衣帽间以外，还做了一个会客区，这样可以把生活与工作完全分开，只要踏入客厅，那么就是家里的生活状态。

餐厅采用磨花银镜做装饰背景

餐厅的设计大胆创新，采用磨花银镜装饰餐厅背景墙，回纹图案带来中式古典的韵味，大面积的镜面又让餐厅的视觉空间得到延伸。施工时要注意镜面的基层必须平整，如果采用地砖铺贴地面，镜面安装后可以直接落地。

弧形的过道具有别样的趣味性

设计师打破常规，把一字形的过道改造成了弧形，使趋于平淡的空间增加了灵动的气息和趣味性。一般弧形隔墙多用木龙骨和石膏板作材料，但是隔声效果会比较差，可以考虑在隔墙之间填充隔声棉，减少每个区域的相互干扰。

设计师/陶然

时光雕琢

:: 建筑面积 / 150平方米
:: 装修主材 / 大理石、墙纸、灰镜、布艺软包、皮质硬包
:: 设计公司 / 杭州铭品装饰设计

案例说明

平面图

本案在设计之初就把客户的实际需求放在第一位。在功能格局上，把原本朝南的大卧室改成老人房，朝北的小卧室改成主人房，主卫与客卫相应调换了位置，简单的户型改造是中国传统孝道文化的深刻体现。主卧借用了部分过道空间做了一个收纳功能丰富的走入式衣帽间，合理方便了主人生活。北边阳台内包的形式让原本狭小的厨房空间得到充分的改善。在设计装饰上，线条优雅的家具与顶面、墙面造型在细节上互相呼应，主卧、餐厅、小孩房等多处出现的软包都体现出客户对生活品质的追求。

设计细节

椭圆形空间解决原始户型不规整的缺陷

椭圆形的流转空间，解决了原先客厅电视墙与沙发墙不对称的缺陷，大理石满铺的沙发背景与线条感极强的白色电视墙塑造出一个充满个性的空间。吊顶的造型也随整体空间而变化，与圆形地毯相互呼应，使整个空间上下一体。

设计细节

软包的花纹与灰镜的车边花纹保持一致

一套完整的作品需要的不是满墙的装饰，而是装饰中的和谐。设计师在餐厅背景设计的过程中，把软包的花纹与灰镜的车边花纹做到一致，很好地在对比中寻求了统一。

设计细节

灰镜和软包之间采用黑色不锈钢条收边

主卧与次卧的空间调换增加了房子的实用性，走入式衣帽间可以储藏很多衣物，床头墙上的软包使卧室显得更加华丽和温馨。灰镜与软包的结合处用黑色不锈钢装饰条收边，既显档次又能使两者很好的过渡。

计师/毛毳

后现代柔恋

:: 建筑面积 / 168平方米
:: 装修主材 / 铁刀木面板、喷砂玻璃、艺术玻璃、银镜、墙纸
:: 设计公司 / 广东澜庭设计工作室

案例说明

平面图

本案是后现代与欧式古典的完美结合，既要稳重大方又要体现出与众不同的气质。再造空间的表达方式是本次设计的最基本追求。狭长的客厅让人没有一个区域的空间感，在餐厅的精致打造下，整个长条形空间分成了三个区域。在色彩上，设计师更是别出心裁，火一样的红色墙纸带来强烈的视觉冲击，本来并不属于这个空间但是反道思维却让这个红色体现出另一种味道。

设计细节

利用顶部造型和墙面色彩变化界定功能区

客厅、餐厅没有实质性的隔断，设计师巧妙利用顶部造型和墙面色彩的变换对几个功能区进行界定，视觉空间显得更大。简洁的罗马柱代替结构复杂的柱式，给日常清理工作带来方便。

弧形灯带营造浪漫的就餐感觉

设计师利用吊顶上的点光源和装饰柜上的线光源，给就餐空间带来浪漫感觉。施工中应注意弧形灯光的发光形式，一般以灯带为主，设计师可以利用装饰柜层板的厚度，把灯带藏于侧板之间，避免影响装饰柜的外观效果。

暗香浅影

:: 建筑面积 / 175平方米
:: 装修主材 / 大理石、墙纸、软包、雕花银镜
:: 设计公司 / 杭州铭品装饰设计

大幅装饰画增加空间的立体效果

装饰背景选择了一整面墙的装饰画，增强空间的立体效果，灯光的处理减弱了装饰画主题的突兀，减少蓝色带来的冷艳感觉，使得整个空间更加和谐统一。装饰画和银镜之间存在前后关系，设计时可以用装饰画框做过渡收口。雕花镜面上插座的安放是实用功能的重要体现，但在施工时得考虑好插座的准确位置，避免使其装在镜框线或收边条上。

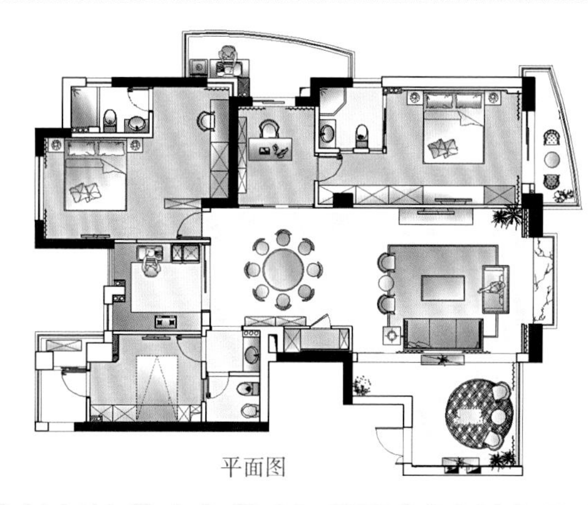

平面图

本案在业主的要求下，以新古典风格为主诠释了这套方案的特性，黑白色调让人可以看到潜在的世界。功能格局上，在满足两个房间一个书房的要求下增加了储藏室的设计，以实用简洁为主。材质的运用上，以雪花白大理石、灰镜、白色木饰面混油以及软包和油画的搭配为主。雪花白大理石刻花的电视背景柔美洁净，在大自然中，花朵是诠释女性美的绝佳之物，简单的花瓣造型，呈现了大理石的雕塑感，加强空间整体的同时，也深化了主题。软包的运用、时尚的镜面搭配以及其他后期软装设计使得整个居室的小资唯美情感发挥到了极致。客厅、餐厅家具上的金属气息，也让人隐隐感到了其冷峻和刚硬的一面，与电视背景的大理石刻花相辅相成。

磨花大理石装饰客厅电视背景

以磨花大理石作为电视背景，这是比较经典的设计手法。但是施工的时候应注意大理石与墙面的衔接，一般大理石可用干挂法上墙，也可以用九厘板打底，做基层找平。此外，设计师用大理石线条过渡电视背景与灰镜，很好地解决了施工的细节问题。

床对面制作衣柜增加卧室进深

主卧室的储物是比较大的问题，空间进深不够，但是宽度比较大，所以设计时在床的正对面做了一排衣柜，并把电视安排在柜内，解决了储藏问题的同时增加了进深。要注意一般定制衣柜与墙面的缝隙比较大，可以考虑现场制作。

玲珑蓝江月

设计师/木水

:: 建筑面积 / 175平方米
:: 装修主材 / 水曲柳擦色、橡木地板、乳胶漆、墙纸
:: 设计公司 / 福州宽北设计机构

案例说明

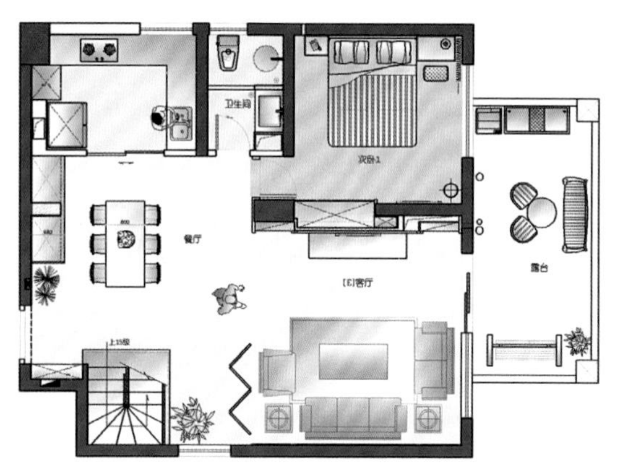

一层平面图

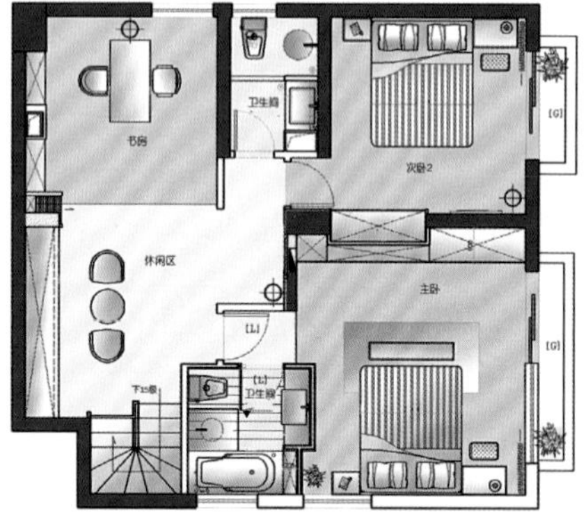

二层平面图

现代和古典，两种看似矛盾的气质在同一个空间里流淌融合。没有斑斓的色彩和装饰，蓝色和白色在对比中呈现出几分明快，简洁的色调和线条使都市白领在繁忙的生活节奏之外，能够摒弃喧嚣，享受生活的闲适和宁谧。镂空的花纹装饰随处可见，在直线的衬托下充满了女性的细腻和柔美，使整个空间在这些纤巧线条的魅力之下变得生动起来。屏风和推拉门上的镂空除了点缀空间之外，也使几个空间在间隔之余相互借景融合。

合理控制中央空调出风口和回风口的间距

由于梁柱的结构导致餐厅顶部设计成平面吊顶，那么中央空调要做成下出风、下回风的形式。在这种情况下建议把出风口和回风口的间距控制在1米左右，这样可以保证空调的效果。

设计细节

上吊轨的折叠门让两个空间相互借景

设计师在设计书房门的时候充分考虑了采光、通风的因素，定制了一个可活动的隔断门，让房屋空间可以根据需要随意进行分割。上吊轨设计的折叠门在打开时内外融为一体，不经意间又扩大了空间。

设计细节

台盆柜的雕刻花纹与装饰玻璃隔断相呼应

小小的卫生间其实也是精心设计了一番，台盆柜上的雕刻花纹也与装饰玻璃隔断相互呼应。贴墙砖时需要注意的是墙砖要高出吊顶5～10厘米。最底部一块墙砖要压在地砖上，既美观又能防止卫生间的水出现倒流。

漫步普罗旺斯

:: 建筑面积 / 210平方米
:: 装修主材 / 黑金花大理石、金香玉大理石、艺术墙纸
:: 设计公司 / 杭州铭品装饰设计

案例说明

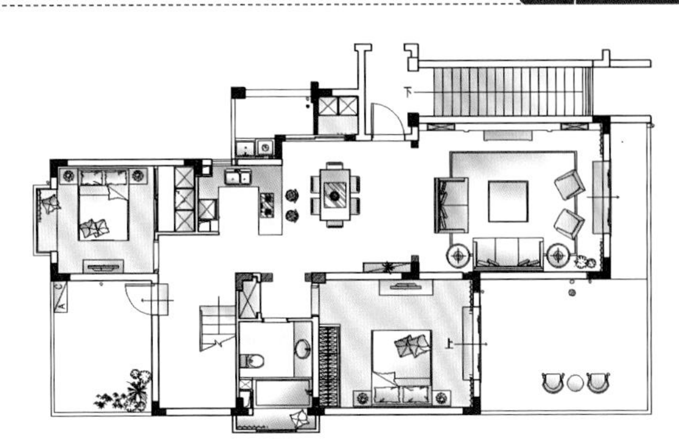

一层平面图

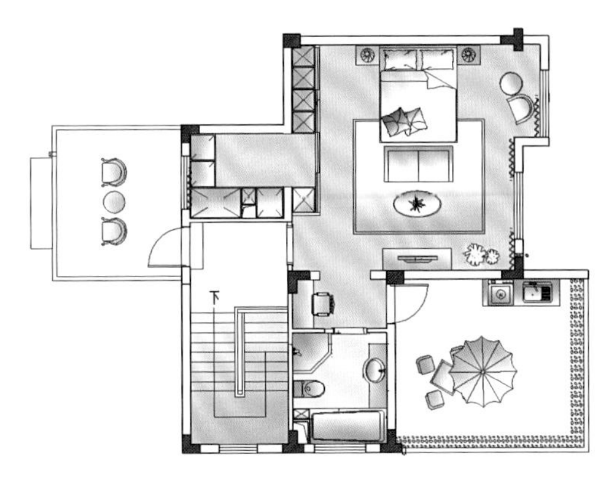

二层平面图

本案表现出法式浪漫和自由情怀，无论在设计手法还是色调运用上，都显得轻松惬意且让人倍感温馨。白色的唯美搭配橙色的亮丽、绿色的生动、蓝色的忧郁、粉色的可爱、紫色的性感，将浪漫二字表达得淋漓尽致。功能格局上，设计师在一楼进门处设计了储物间，对入户后更换的鞋帽都可以进行储藏。一楼次卧室做了步入式衣帽间，基本满足一楼的收纳要求；二楼以套间的形式出现，设计师也给主人安排了大量的储物空间，整个房屋的设计兼顾了实用与美观。

客厅设计壁炉让家人交流更加随意自然

客厅打破了传统的束缚，没有摆放电视，而是设计了一个壁炉，电视影响家人之间的沟通，壁炉却为所有人围坐交流提供了适合的气氛。市场上壁炉的尺寸大小不一，设计时应考虑周全，保证比例适中。

厨房贴墙砖需在阴角收口

移步至餐厅，设计师安排了一个敞开式厨房，把厨房和餐厅空间融合在一起。从施工角度来说，厨房贴墙砖一般需在阴角收口，本案的设计师也同样注意到了这个问题，墙砖从厨房一直延伸至餐厅的阴角处收口，避免了阳角收口遇到的麻烦。

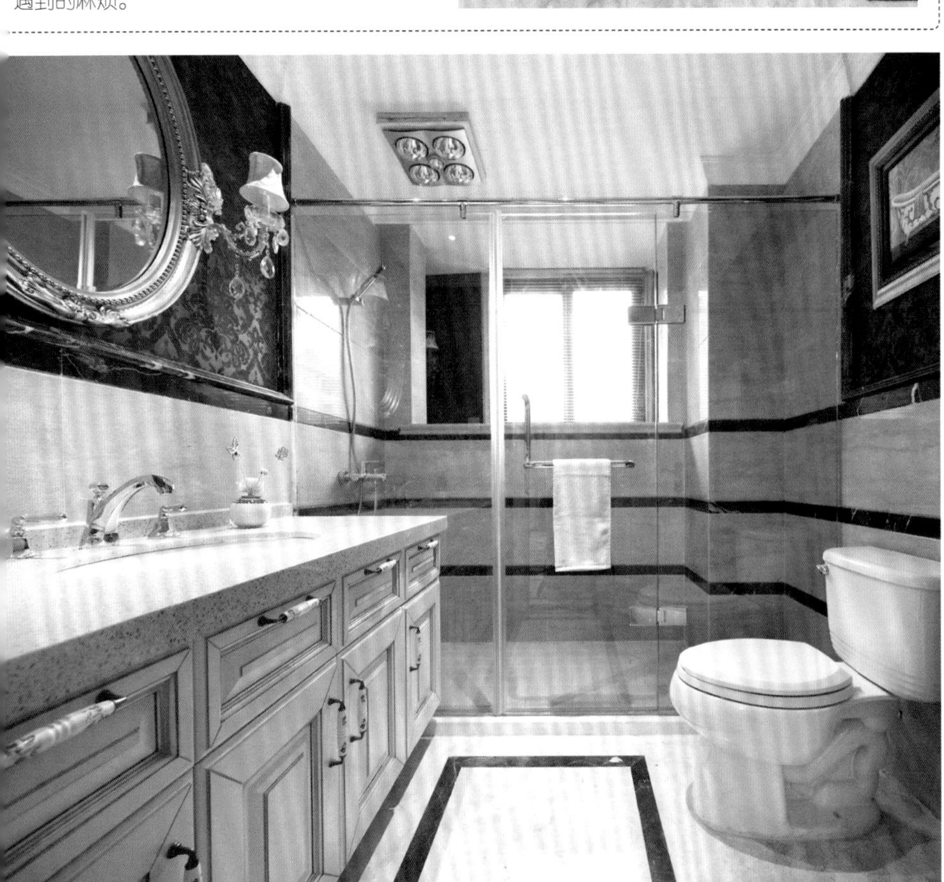

设计细节

顶面设计与家居的流线相互呼应

二楼主卧室的顶面设计与家具的流线相一致，可以看出在设计之初就已经把家具确定下来，这是非常值得借鉴的经验，如果在完工之后再选家具，很有可能与设计的风格、形式不一致。此外，暗式窗帘盒在制作的时候需要留挂边，这样顶面阴角线才好交圈。

尊贵简欧

:: 建筑面积 / 150平方米
:: 装修主材 / 大理石、木饰面板、墙纸、软包
:: 设计公司 / 杭州森水装饰设计

案例说明

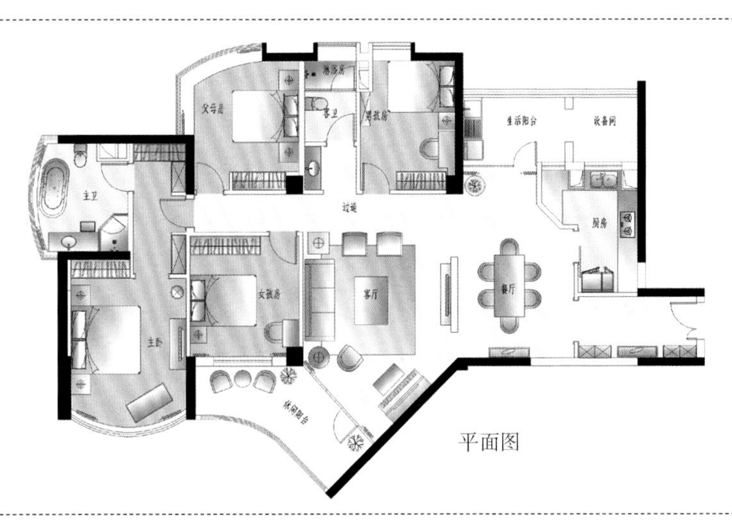

平面图

本案的设计师通过对欧式风格元素的提炼，采用新古典主义的表达语言，为居住者打造一个奢华的舒适空间。在整个空间的色调上，斑马木饰面板的深色调与米黄、黑色相互对比呼应，沉稳而有张力。在装饰材料的运用上，天然材质的软包皮革搭配墙纸，华贵而又内敛。在家具饰品的配置上，采用新古典主义风格的款式与造型，简约而又颇具古典韵致。此外，设计师还更改了不合理的区域，把空间改造得更加实用完整。每个房间都增加了储藏空间，以满足主人对收纳的要求。原本模糊不清的客厅及餐厅区域，通过设计师之手进行了巧妙的分割。

设计细节

大理石电视背景分隔客厅与餐厅

原始户型中客厅和餐厅是没有区隔的，设计师采用大理石电视背景墙巧妙地把两个空间分隔开来。电视背景两侧做成通透的形式，让空间更有层次更加宽敞。因为大理石不可直接贴于地面，所以要先做基层。要注意此处不可以用石膏板立墙，而需要用轻质砖做基础，这样大理石才能牢固地挂在上面。

卧室的淡雅色调凸显稳重大方的气质

主卧室设计以淡雅色调为主，床头背景以软包的形式出现，和床头靠垫的灰色相融合，再搭配深色的地板和窗帘，使整个房间显得稳重、精致。顶面设计了柔和的灯带，主人躺在床上时可以使用灯带的漫反射光源，避免主灯对眼睛的直接照射。

品味典雅

:: 建筑面积 / 150平方米
:: 装修主材 / 黑檀、西班牙米黄大理石、实木地板、艺术墙纸、不锈钢
:: 设计公司 / 杭州铭品装饰设计

案例说明

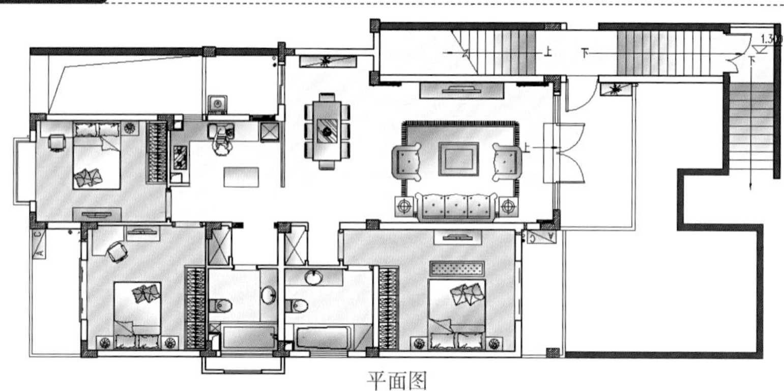

平面图

新古典风格从简单到繁杂，从整体到局部，精雕细琢，镶花刻金，都给人一丝不苟的印象。一方面保留了材质、色彩的一致风格，仍然可以让人很强烈地感受传统的历史的痕迹与浑厚的文化底蕴，同时又摒弃了过于复杂的肌理和装饰，简化了线条。本案将新古典与装饰进行艺术化融合，设计时以中轴对称为基础，以空间结构形式的多样化为主线，并通过不同的造型和饰物之间的搭配，创造出生于古典而又胜于古典的完美新风格。沙发背景上的大理石线条体现出恢宏气势，古典沙发与柔软的靠垫又使人感受到家的温暖，流光溢彩的饰品述说着传承古典风格不变的高贵典雅，大胆点缀的亮丽花朵装饰画面是空间里最跳跃的色彩，让整室的深沉不显呆板。设计师把相对独立的厨房做成了开敞式，也让我们懂得了空间的交融与沟通是多么的重要。

设计细节

装饰套线要注意接头的位置和形式

客厅的基本色调是稳重的，而其陈设的手法却是灵动的。不同款式的沙发在相同的色彩领域里动静相宜，陈列有序。抱枕的加入，不但丰富了空间的颜色体系，更加强了整体的层次感。背景墙的装饰套线需要做无接缝处理，如果没有那么长的套线，则需要注意接头的位置和形式，避免影响背景墙的整体效果。

设计细节

黑檀烤漆的餐桌体现优雅与奢华

璀璨的水晶是新古典奢华的另一种语言，黑檀烤漆的餐桌在灯光辉映下延续着优雅和奢华。黑色的烤漆桌面使得整个空间的重点下沉，减少了华丽的灯饰带来头重脚轻的感觉。作为侧出风、下回风的中央空调，设计时可以把回风口与检修口做在一起，这样会更加美观。

设计细节

吊顶边线要与衣柜边线平齐

浓烈的撞色是次卧精彩的根源。设计师大胆地运用了多种风格迥异的颜色，但是当这些颜色融合在一起时，却给人一种清新安逸的舒适之感。顶面做了欧式藻井吊顶，设计时应注意顶上的边线要与衣柜边线平齐，否则会让人有空间次序混乱之感。

后雅皮生活

:: 建筑面积 / 139平方米
:: 装修主材 / 软包、马赛克、墙纸、杉木装饰板
:: 设计公司 / 杭州真水无香设计

案例说明

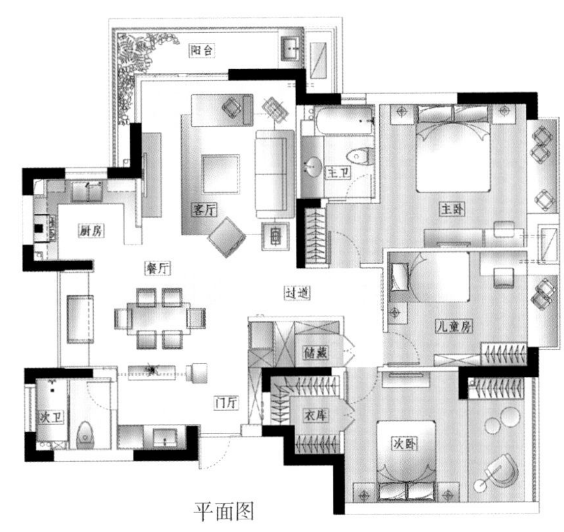

平面图

后现代风格主要通过非传统的混合、叠加、错位、裂变的手法和象征、隐喻等手段，突破传统家具的繁琐和现代家具的单一，将现代与古典、抽象与细致、简单与繁琐等巧妙组合成一体。本案的设计师在不同的区域都设计出实用的功能区。入户门厅处设计了储藏空间，以便进出门更换鞋帽。次卧室也增加了一个衣库，用来收纳大量的换季的衣物。餐厅的飘窗则设计出一个可抽拉式的电脑桌，简单实用。

设计细节

软包和马赛克组合装饰床头墙

深浅不一的咖啡色，代表着古典和稳重的情绪，金色的马赛克在浅咖色软包的衬托中没有了张扬，却为卧室平添了一份高贵与温暖。软包与马赛克接缝处用不锈钢压条收边，自然地进行过渡。要注意施工时软包和马赛克需要用九厘板或木工板作为基层，使墙面平整，这样安装成品软包才不会有问题。

次卧室的阳台改造成休闲区

次卧室的阳台被改造成了一个休闲区，设计师没有用门把两者作生硬的分割，只是用了窗帘作为遮挡，这种设计方式无论是卧室，还是阳台，都可以借用另一半的空间，使本身面积扩大。阳台墙面用杉木板贴面，温馨舒适。建议阳台地面可以比卧室低3～5厘米，这样可以避免雨水倒灌的情况。

绚烂如花

设计师/郑一鸣
软装设计师/吴锦文

:: 建筑面积 / 300平方米
:: 装修主材 / 墙裙、艺术墙纸、手工银箔、爵士白大理石、玻璃马赛克
:: 设计公司 / 武汉郑一鸣室内建筑设计

案例说明

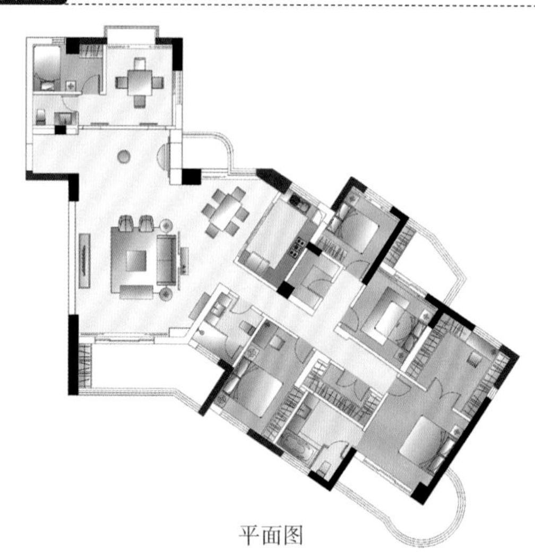

平面图

本案原始结构开阔，设计师通过隔断将空间划分为多个层次。门厅采用墙板对称造型，点缀水晶壁灯，与装饰镜交相辉映，进门的气氛唯美华丽。客厅采用雕花造型作为沙发的背景，一方面将原始的异形结构规划得方正，同时也能作为沙发的背靠，造型通透、细腻。背景墙采用淡蓝色的樱花图案，左右为欧式石材墙板，既端庄，又与整体的造型相呼应。门厅的左边有两扇对称的玻璃移门，进去后便是娱乐室与保姆房，空间独立，在娱乐时也不会影响到其他的功能区。

设计细节

定制过高的房门应尽量避免全实木门

浅咖啡色的墙纸背景，衬托出白色高脚玄关柜优雅的气质，圆镜的装饰又显示出空间的变化性，墙面不再是一成不变的平淡设计，而是设计师苦心思量的完美杰作。设计师把旁边的房门高度设计至顶，从设计角度考虑，视觉上会使层高增加。但由于实木门太重，时间长了容易下坠和变形，所以定制房门时，应尽量避免采用全实木门。

设计细节

马赛克电视墙避免阳角收口

马赛克电视背景墙的设计充满了女性的柔美气息，这是一种极具个性的装饰设计手法，不但色彩要与风格进行搭配，施工的时候也需要注意它与墙面的收口形式，避免阳角收口。图中采用了阴角收口的方式，巧妙避免了这一问题。

设计细节

卧室顶面留出灯槽增加空间层次感

卧室中间是线条感十分流畅的睡床，第一眼的感觉就是华丽气派，金色印花的床头背景进一步体现出家具的奢华感。顶面留有灯槽，这让空间更富有层次感。制作时应注意，灯槽厚度不能小于8厘米，否则施工人员很难做好灯槽内的乳胶漆。

盛世繁华

:: 建筑面积 / 168平方米
:: 装修主材 / 墙纸、镜面玻璃、软包
:: 设计公司 / 上海1917设计

案例说明

设计的价值不在于奢华建材的堆砌，而在于不可取代的设计精神。设计师在给本案定位时，提出了要赋予空间一个实用且精致华贵的主题。在装修选材上，温暖质感的软包、浑然天成的石材、色彩淡雅的墙纸以及华丽的水晶灯饰进行搭配，以现代达人的眼光，极力营造出自己心目中低调奢华的感觉。镜面和玻璃的使用又使得室内的视觉空间扩大了许多，同时也增加了房屋的通透性与延伸感。部分细节的装饰与处理，让我们从不同的角度了解设计师对本案注入的设计内涵。

电视墙上出现多个尺寸的长方形

在背景墙的造型处理上，设计师选择了一种最简单又常见的几何图形——长方形。多个尺寸的长方形在背景墙上多次出现，一方面贴合客厅狭长形的格局，另一方面硬朗的长方形又能更好地衬托灯具与装饰品的精致。由于客厅地砖的平整度较高，所以装饰镜面可以直接落地，无需用踢脚线或者压条进行过渡。

设计细节

视听室采用多种对比的设计手法

二楼视听室与吧台运用了黑与白、软与硬、虚与实、锐角与钝角等对比手法，搭配不同材质与各类照明模式，组成了一个时尚前卫的视听室。要注意，在装修视听空间时尽量选择一些吸声的材料，如墙纸、木饰面板或者软包墙面等。

设计细节

软包和墙纸搭配装饰床头背景

设计师采用软包和墙纸搭配的手法装饰床头背景，显得既温暖，又时尚。卧室设计时应注意开间比例，如果开间不是很大，应尽量少用前后凹凸再加灯带的背景，这样只占据10～20厘米的空间。

简奢的诠释

:: 建筑面积 / 210平方米
:: 装修主材 / 墙纸、仿大理石砖、装饰线条
:: 设计公司 / 杭州森水装饰设计

案例说明

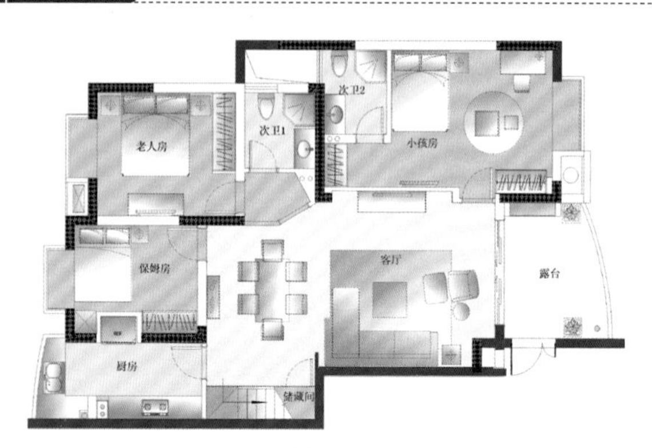

一层平面图

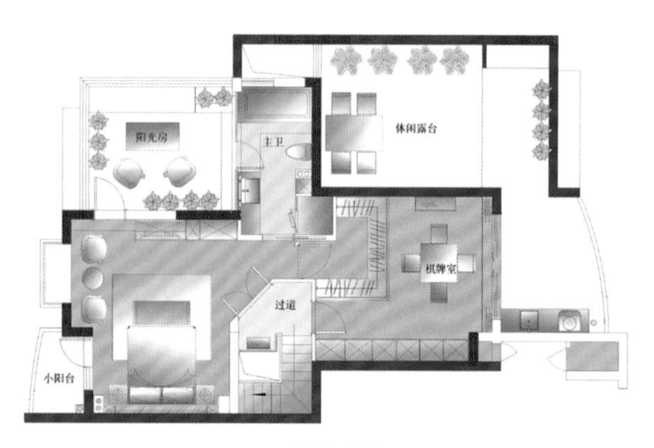

二层平面图

本案的设计定位成简奢主义，以浅咖色作为主色调，配以黑白色及深褐色，简约素雅的色调运用，在巧妙形成对比的同时又彰显时尚华贵。一楼多以浅色为主，儿童房更是以轻松、活泼的田园风格呈现。二楼是主人独享的空间，设计成套间的形式，卧室和主卫以及阳光房互通，拥有独特的空间感觉。在美观的同时，设计师也没有忽略实用性，二楼设计了一个很大的储藏间，用以满足男、女主人不同的收纳需求。二楼的卫生间为了方便使用，还增加了淋浴的功能。

设计细节

背景软包上的开关与插座宜事先算好尺寸

在卧室中，床所占的面积最大，所以设计的时候应该合理安排床在卧室中的位置，然后再考虑其他的设计。定下了床的位置、风格和色彩之后，卧室设计的其余部分也就随之展开。这里需要注意的是，床背景软包上的开关面板与插头，施工之前必须算好尺寸，避免安装在软包的接缝处，影响美观。

设计细节

儿童房设计一定要有合适且充足的照明

针对儿童房空间的局限性，设计师将墙面设计成粉色的主调，写字台用了乳白色，满足了女孩子对公主房的幻想。书架和床遥相呼应，增强了视觉的平衡感。要注意，在儿童房的设计上一定要有合适且充足的照明，能让房间温暖，有安全感，有助于消除孩童独处时的恐惧感。

黑白森林

:: 建筑面积 / 150平方米
:: 装修主材 / 霸王花大理石、皮革软包、艺术墙纸、金镶玉大理石、实木地板、雅士白大理石
:: 设计公司 / 武汉郑一鸣室内建筑设计

设计师/郑一鸣
软装设计师/吴锦文

案例说明

本案以黑白为主色调铺陈，整体设计时尚冷艳。客厅与餐厅的格局左右对称、贯通，采用整面石材造型，显得简洁、统一。沙发选用新古典黑色皮革质感，精致细腻。银色的饰品增添了空间中华丽的氛围。餐厅的地面处理别致，石材方框的连续图案形成地毯式的铺垫。镜子制成的餐边柜使得餐厅多了几分生活的情趣。开放式的酒架连接餐厅与厨房，空间灵动通透。客卫设计为开放式的，让走道的视觉感变宽，深浅对比的洗手台也形成了一道风景。主卧是由书房与卧室组成的套房，相隔的门可以灵活地划分空间，卧室以褐色为基调，色调相对柔和，通过光影的效果呈现细腻的层次。

平面图

设计细节

也面拼花砖与实木地板装饰的餐厅地面

在处理黑白空间的搭配时，现代感十足的大理石餐桌，将吊灯投注的光束折射过来，整个空间被映照得格外明亮。餐厅背景上的装饰镜面，又使得空间增加了变化感。这里要注意，地面拼花砖与实木地板的结合处虽可用压条进行连接，但施工时需算好地板厚度，保证安装完的高度与地砖铺贴后的高度一致。

设计细节

咖啡色软包背景与白色顶面形成对比

主卧室的床头背景用咖啡色软包做过渡，两色空间显得既鲜明，又典雅。设计初期应算好软包的分割尺寸，避免成品安装后开关插座面板卡在分割线处而影响使用。如果软包落地，那么软包和地板之间需要用金属压条调整缝隙。

设计师/窦弋

崇尚自然的质朴之家

:: 建筑面积 / 300平方米
:: 装修主材 / 软包、木纹石、木饰面板、乳胶漆
:: 设计公司 / 昆明中策装饰（集团）

案例说明

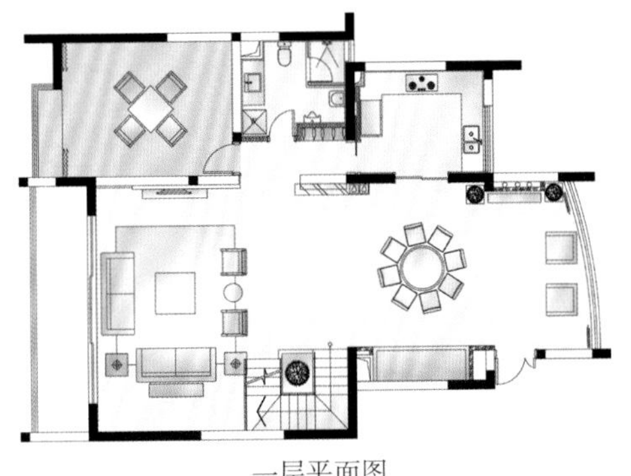

一层平面图

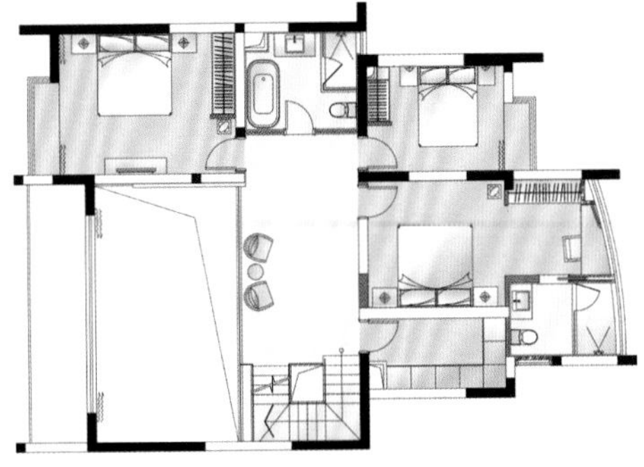

二层平面图

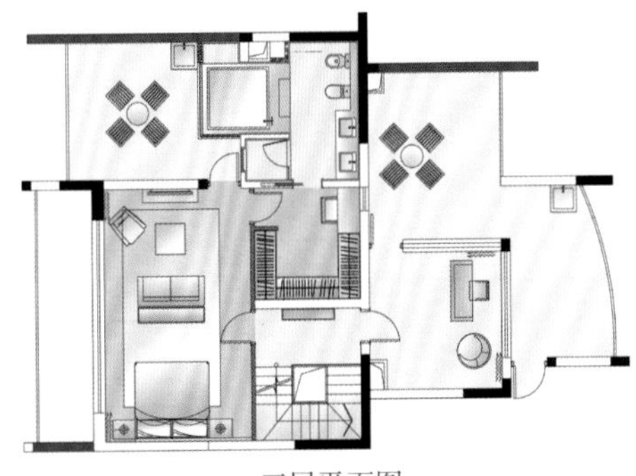

三层平面图

房主常到国外旅游及学习，喜欢平和、低调且有一定文化包容性的设计风格。对设计师而言，居家空间应该经得起时间的考验，不会让居住者在短时间内就感觉厌腻而想全面翻新。首先，设计师将入户花园空间与餐厅进行了结合，并设置了水景景观，以增加进餐的趣味性。接着，设计师把客厅墙面的开口设计成暗门，以改变琐碎的原貌，把三楼的主卫、独立书房落地大玻璃与室外楼台结合并融入SPA理念，以丰富主人的各种使用需求。然后，设计师把橡木色系的木纹石材与橡木饰面板的电视背景墙融为一体，黑色镜面、大面积软包的运用，让空间呈现质朴且经久耐看的独特氛围。最后，设计师在儿童房也增加了独立卫生间，并将采光不好的房间设置为储物间，给孩子提供一个舒适的生活空间。

楼梯踏步与踢脚线完美统一

楼梯看似简单，设计师也花足了心思，每三级台阶就有一个小地灯，解决了晚间使用楼梯因为看不清容易滑倒的问题。踢脚线用了与踏步相同材质的大理石进行铺贴，形成统一的风格，施工时应注意，它与墙体粘接后的侧面，可以用白瓷胶或美缝剂进行修补。

通透的玻璃代替墙体的隔断功能

一扫原本单一的使用功能，透过通透的玻璃窗，在家也能享受到温馨SPA。地面与顶面都采用了户外地板装饰，即使有水也不用担心。这里要注意，如果采用玻璃代替墙面作隔断，在施工时就应在矮墙上留出玻璃槽，后期玻璃安装时可直接嵌入槽内，再打玻璃胶，这样更牢固、更安全。

新贵宅邸

:: 建筑面积 / 145平方米
:: 装修主材 / 银箔马赛克、手工银箔、灰镜、艺术墙纸、鳄鱼皮门板、艺术瓷砖
:: 设计公司 / 武汉郑一鸣室内建筑设计

设计师/郑一鸣
软装设计师/吴锦文

案例说明

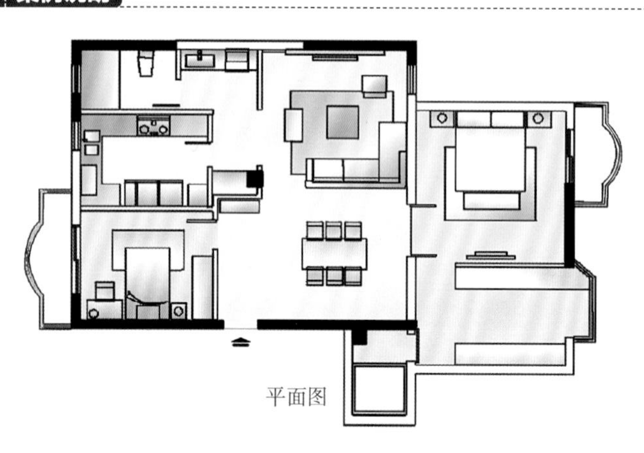

平面图

本案为年轻人打造，整体以银黑白为主色调铺陈，时尚而有个性。客厅背景采用银箔马赛克处理，通过光影的效果呈现细腻的层次，配合黑色漆皮的直沙发，营造出时尚神秘的气氛。房屋面积不大，所以设计师要在功能和舒适性上下工夫，增加房屋的使用空间。原始户型进门就正对卫生间门，难免使人感觉不舒服，所以设计师在厨房门口加了一面墙做阻隔，这样入户正对的就是装饰墙。此外，设计师还大胆地运用色彩对比，玄关和客卫的地面装饰用黑白色表现，与设计主题更加贴切。在功能上则把单独的卫生间设计成干湿分离，避免交叉使用带来的不便。

灰镜与照片组成餐厅的装饰背景

餐厅背景由灰镜衬底，与埃菲尔铁塔照片完美地组合在一起，改善深色给空间带来的压抑感。这里要注意，餐厅顶面贴银箔的基层一定要平滑、洁白、干燥、牢固，以达到乳胶漆的基层标准为宜，同时还需要封一遍清漆，防止银箔受潮返底。

设计细节

整排吊柜增加卫生间的收纳空间

设计师采用干湿分开的形式设计卫生间的区域，并且还扩大了储藏空间，在台盆上加做整排吊柜，这样更加实用。墙面上的洗衣机插头可以设计成带开关的插座，在不使用洗衣机时无需拔插头，只需摁下开关就可以了。

华丽转身

:: 建筑面积 / 139平方米
:: 装修主材 / 软包、大理石、装饰墙纸、车边银镜
:: 设计公司 / 杭州真水无香设计

案例说明

平面图

欧式居室不只是豪华大气，更多的是惬意和浪漫。通过完美的设计，精益求精的施工细节处理，给家人带来的是无尽的舒适感。同时，欧式装饰风格最适用于大面积房子，若空间太小，不但无法展现其风格气势，而且给生活在其间的人带来一种压迫感。本案整体贯彻了欧式雅致风格和低调奢华的宗旨。房屋本身虽是中规中矩的房型，但设计师在细微处花了较多心思，色彩的搭配、材质的组合、灯光的运用等无一不体现出主人对生活细节的要求。客卧用了几乎整面墙去做储藏，契合房屋主人的使用习惯。

设计细节

软包电视墙突显稳重温馨的气质

深浅咖啡色的搭配体现出稳重、温馨、古典的气质。软包的墙面是时下比较流行的装饰手法之一，设计时要注意它与墙面的过渡要自然，不然效果反而适得其反。施工时需注意软包与边条之间的距离，应根据面料厚度决定留缝的大小，一般在1.5～3毫米之间。

设计细节

飘窗台改造成储藏与休闲兼具的区域

原始户型中的飘窗台被设计师改造成了一个储藏与休闲兼具的区域，既实用，又不影响美观，这里要注意，如果考虑把飘窗当作沙发使用，那么制作时应在大理石台板与地柜之间用木工板衬底，单纯用大理石覆盖很容易断裂。

卫生间墙面、地面采用羊皮砖装饰

质感温暖的羊皮砖比较适用于主卫的墙面、地面装饰，但要注意的是，此类砖在铺贴的时候不能留过大的缝隙，否则会失去羊皮砖的整体感。在浴室柜的选择上，建议使用高脚或悬挂式，这样，一旦卫生间被水浸湿，也不会使浴室柜受潮。

古典和时尚并存

设计师/张雁飞

:: 建筑面积 / 280平方米
:: 装修主材 / 樱桃木擦色饰面、喷砂玻璃、马赛克拼花
:: 设计公司 / 上海鸿鹄设计

案例说明

业主是事业有成的一对夫妇，喧闹的都市生活让人很少有放松的感觉。在本案的装修设计上，他们追求休闲的内在感觉，定位于明快的酒店式风格。因为平时很少有人住，所以在格局的处理上可以尽量释放出大空间。客厅过道上的卫生间被改造成了两个储藏间，一个对外，一个对主卧，非常实用。为了避免家里人少冷清的状况，主卧室被设计成一个大的套间，兼顾了起居、卧室、书房、储藏等各个功能。在木饰面板的颜色上尽量以暖色为主，简洁线条的家具、窗帘和软配，一切都和主题风格完美呼应，让空间既有装饰效果，又方便打理。

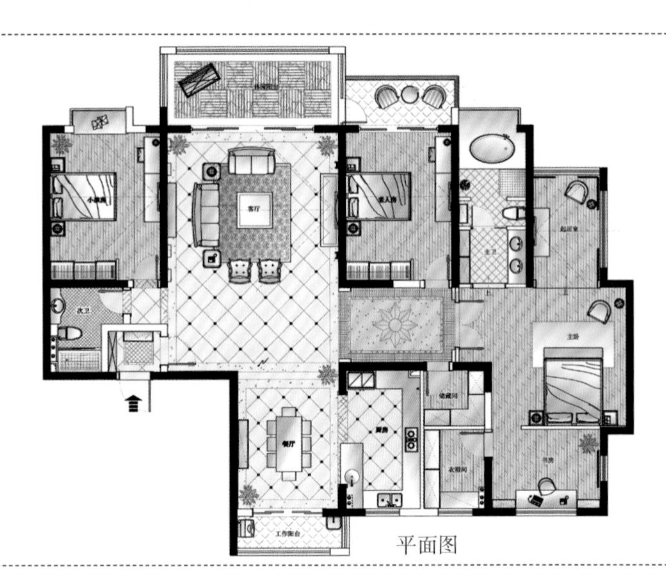

平面图

设计细节

马赛克拼花搭配刻有祥云图案的玻璃

马赛克装饰的地面拼花与两边刻有祥云图案的玻璃相结合，古典与时尚的完美搭配立刻呈现在我们的眼前。这里要注意用马赛克作为地面装饰时要把填缝处理得当，不然长时间使用后会出现问题。

设计细节

干放式厨房增加家人之间的沟通交流

寸于大空间的房屋来说，家人之间的沟通尤为重要。设计师注意到了这一点，于是精心布置了一个开敞式的厨房，可以让烹调与就餐的人随时保持交流。现在大部分的房门和门套都是成品定制的，施工时应用木工板做门套基层，如果后期要安装吊轨移门，门套顶部需用两层木工板加固。

设计细节

木格栅与踢脚线应契合无缝

卧室是休息的场所，所以灯光一般以柔和为主，尽量避免采用灯珠或者直接照射眼睛，本案的设计师用了壁灯进行过渡，卧室有时也可以采用漫反射光源灯带的形式来代替主灯。床头背景的木格栅屏落地，要注意，它与墙面上的踢脚线的契合应无缝。施工时可以更改顺序，先安装好装饰木格栅，再装踢脚线。

风华依旧

设计师/段文娟

:: 建筑面积 / 200平方米
:: 装修主材 / 墙纸、木质墙裙、仿大理石瓷砖
:: 设计公司 / 深圳伊派室内设计

案例说明

简欧风格表现为高雅清新，既保留了古典欧式的典雅与豪华，又符合现代生活的休闲与舒适。但无论是古典欧式风格，还是简欧风格，其设计都是追求深沉里显露尊贵，典雅中浸透豪华。本案以暖色灯光为基础，局部采用黑与白的对比。多次出现的对称设计形式，给人一种有条理的庄重大方的美感。布艺沙发组合有着丝绒的质感，将传统欧式家居的奢华与现代家居的实用性完美地结合。在户型结构上，设计师把原来几近浪费的过道空间改造成一个钢琴区，扩大了原本是二次采光的书房门，让光线照射到屋内的每个角落。

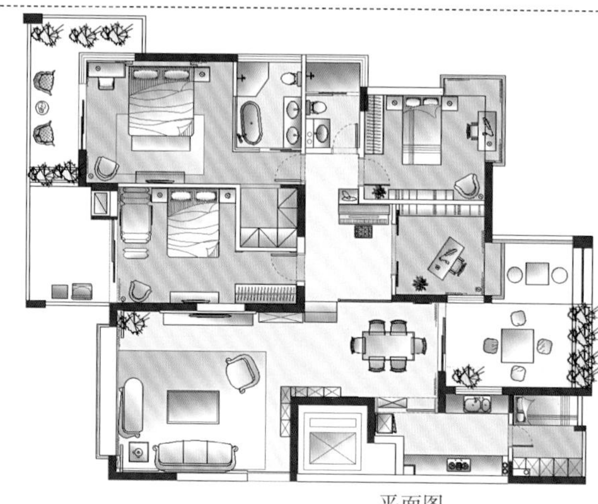

平面图

设计细节

顶面角线与墙面凹凸造型烘托欧式格调

设计师用大面积的顶面角线叠级造型以及墙面凹凸层次烘托欧式格调，但在表现效果的同时也应该注意安装角线时接缝的处理，后期需用乳胶漆或油漆进行修补，才能达到完美的效果。

适当增加楼梯长度更显气派

这是一个小错层的户型，一般楼梯的踏步分为石材和地板两种材质，建议有老人或者小孩的家庭尽量避免使用锐角较多的石材，也可以适当增加楼梯长度，这样更显气派。

自由巴厘岛

:: 建筑面积 / 480平方米
:: 装修主材 / 西班牙软木、红橡饰面、红橡实木、仿古地板
:: 设计公司 / 南京宇泽设计工作室

设计师/肖为民

案例说明

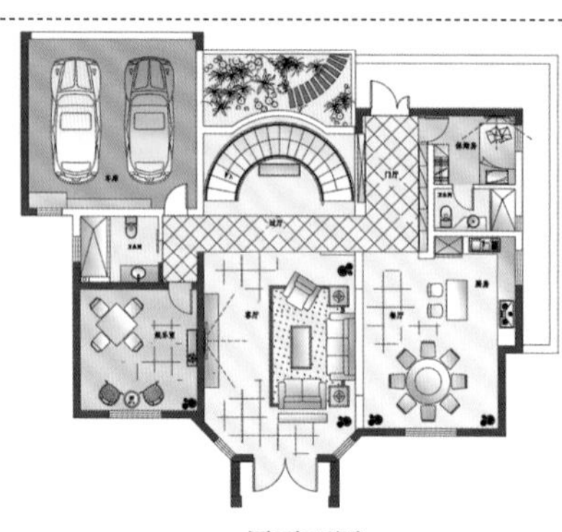

一层平面图

本案的主人既喜欢中式的稳重、内敛，又喜欢欧式的舒适、大气。因此设计师做了细致的考虑，将中式的意韵与后期欧式家具相结合，同时在设计中还加入了些许自然主义的风格。在功能格局上，设计师把一楼厨房的两面墙打通，与餐厅合二为一，既增加了餐厅面积，又使厨房使用起来更加方便。二楼利用大套间的形式给夫妻俩规划出一个私密、实用、完整的生活空间。

二层平面图

三层平面图

西班牙软木的背景散发出浓烈的自然气息

电视墙选用肌理分明但色泽柔和的西班牙软木，散发着浓烈的自然气息。色彩方面没有严格的限制，以温暖的深棕木色为主，局部采用一些金色的墙纸、丝绸质感的布料，加上绿植点缀，将怡然自得的居住氛围表现得淋漓尽致。同时西班牙软木也是很好的吸声材料，它可以避免客厅面积过大而产生的回声。

设计细节

欧式家具宜与暖色调的墙纸搭配

引入欧式家具，不着痕迹地显露出几分贵族气息，营造一种沉稳大气、富丽堂皇的异国情调。这里要注意，欧式家具最好选择暖色调的墙纸进行搭配，如米色、浅咖啡色、象牙黄色等，这样更能衬托出家具的品质感。

设计细节

浴缸踏步不能用砖内倒角铺贴

这是房屋中具有异国情调的设计空间，它使人联想到了爱情海和巴厘岛。施工时应注意，浴缸的踏步不能用砖内倒角铺贴，这样虽然好看，但尖锐的砖角会划伤皮肤，应像图中一样留缝铺贴，再用填缝剂修角。